奇 趣
野生動物

動手動腦貼紙遊戲書

Lisa Miles 著
Genie Espinosa 繪

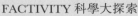

FACTIVITY 科學大探索

奇趣野生動物——動手動腦貼紙遊戲書

作　　者：Lisa Miles
繪　　圖：Genie Espinosa
顧　　問：Gerald Legg
責任編輯：胡頌茵
美術設計：何宙樺
出　　版：新雅文化事業有限公司
　　　　　香港英皇道 499 號北角工業大廈 18 樓
　　　　　電話：（852）2138 7998
　　　　　傳真：（852）2597 4003
　　　　　網址：http://www.sunya.com.hk
　　　　　電郵：marketing@sunya.com.hk
發　　行：香港聯合書刊物流有限公司
　　　　　香港新界大埔汀麗路 36 號中華商務印刷大廈 3 字樓
　　　　　電話：（852）2150 2100　　傳真：（852）2407 3062
　　　　　電郵：info@suplogistics.com.hk
版　　次：二〇一六年二月初版
　　　　　10 9 8 7 6 5 4 3 2 1
版權所有·不准翻印
本書中文繁體字版由鳴嵐國際智識股份有限公司授權出版發行

奇趣
野生動物

動手動腦貼紙遊戲書

Lisa Miles 著
Genie Espinosa 繪

新雅文化事業有限公司
www.sunya.com.hk

神奇的動物

地球上住着許多不同的動物。牠們各有不同的形態和大小，有的動物身上長有鱗片、有的長有羽毛、有的滑溜溜又黏乎乎，也有的毛茸茸。

請從貼紙頁中選出動物貼紙貼在適當的位置。

極地 polar

山區 mountain

雨林 rainforest

草原 grassland

沙漠 desert

海洋 sea

野生動物觀賞團

有些人到世界各地旅遊時會喜歡親近大自然，觀察在大自然中生活的動物。

請把右方的獅子塗上顏色，並從貼紙頁中選出小獅子貼紙貼在適當的位置。

請在吉普車內畫上自己的樣子。

熱帶雨林

雨林是指樹木繁盛茂密的森林，大多位於氣候炎熱和降雨量高的國家，裏面住着大量的動物，全世界大約有一半以上的物種都住在這裏。

請從貼紙頁中選出動物貼紙貼在適當的位置。另外，圖中隱藏了**5**隻吼猴，請你把牠們全部圈出來。

吼猴 Howler Monkey

有些動物是在樹上生活的，例如吼猴。

美洲豹 Jaguar

體型較大的雨林動物大多在地面生活，例如美洲豹。

巨嘴鳥 Toucan

很多鳥類在熱帶雨林的樹頂上棲息，例如巨嘴鳥和鸚鵡等。

緋紅金剛鸚鵡 Scarlet Macaw

這種鸚鵡身上的羽毛色彩鮮豔奪目。

大蟒蛇 Boa Constrictor

大蟒蛇會沿着樹幹滑行，纏掛在樹幹上棲息。

箭毒蛙 Poison Dart Frog

箭毒蛙在地面上或靠近水源的地方生活。

i

吼猴是陸地上叫聲最響亮的動物。

外表嚇人的昆蟲

在亞馬遜雨林裏，有各式各樣的昆蟲，有些昆蟲的外表非常嚇人。雨林裏有成千上萬的蜘蛛和昆蟲在爬來爬去，單是蜘蛛的種類，就有超過3,600個品種呢。

請從貼紙頁中選出蟲子貼紙貼在適當的位置。

吉丁蟲 Jewel Beetle

螳螂 Praying Mantis

藍閃蝶
Blue Morpho
Butterfly

巴西櫛狀蛛
Brazilian Wandering
Spider

竹節蟲
Stick Insect

子彈蟻
Bullet Ant

巨人食鳥蛛
Goliath
Bird-eating
Spider

泰坦甲蟲 Titan Beetle

熱帶蜘蛛

巴西櫛狀蛛是世界上最毒的蜘蛛，牠的分泌物帶有劇毒，只要被牠咬上一口就足以致命！

請找出下面兩幅圖的5個不同的地方。每當你找到一個不同的地方，就在左面貼上一張蜘蛛網貼紙吧。

1.

2.

3.

4.

5.

住在山上的動物

世界各地的山區孕育出一些適應力頑強的動物。下面是一些生活在北美洲洛磯山脈的動物。

請從貼紙頁中選出動物貼紙貼在適當的位置。

豪豬 Porcupine

豪豬全身都是刺，可抵禦獵食者的攻擊。

麋鹿 Moose

麋鹿是體型最大的鹿科動物。

狼獾 Wolverine

狼獾是體型最大的鼬科動物。

雪兔 Snowshoe Hare

冬天時，這種兔子的褐色毛會變成白色，在雪地裏形成保護色！

金鵰 Golden Eagle

金鵰以極快的飛行速度、銳利的爪子和鉤狀的喙來捕獵動物。

山羊 Mountain Goat

這種山羊的腳有兩隻趾，非常適合攀爬陡峭的岩石坡。

黑熊 Black Bear

黑熊會用牙齒和爪子在樹上作記號來和其他的熊溝通。

灰狼 Grey Wolf

灰狼會吐出經過咀嚼的食物來餵哺小狼。

請按這些動物的特徵來給牠們頒發不同的獎項，從貼紙頁中選出貼紙貼在動物名稱旁的圓圈內。

最佳攀爬者

雪地偽裝高手

飛行獵手

刺針防衛高手

最佳父母

最龐大的鹿

國寶大熊貓

大熊貓生活在中國的山區森林裏。大熊貓寶寶留在媽媽身邊的時間長達3年，之後才會離開媽媽獨立生活！

請從貼紙頁中選出貼紙貼在適當的位置，完成拼圖。

大熊貓是瀕危物種之一，也就是說這種稀有的野生動物正在面臨絕種的危機。

大猩猩遊戲

山地大猩猩生活在非洲的雨林區。大猩猩不吃肉，以吃植物為生，例如水果和樹葉，也吃昆蟲。

請把以下的大猩猩和其對應的剪影用線連起來。

乾旱的沙漠

沙漠地區的氣候極度乾旱，雨量稀少，只有極少數的植物能在這裏生長。
然而，有些動物仍能適應沙漠地區的惡劣環境。

請從貼紙頁中選出動物貼紙貼在適當的位置。

小鹿瞪羚 Dorcas Gazelle

小鹿瞪羚是一種羚羊，牠的頭上有一對尖角！

大耳狐 Fennec Fox

大耳狐是世界上最小的狐狸，但牠卻有一對大耳朵！

沙漠刺蝟 Desert Hedgehog

遇到危險時，沙漠刺蝟會捲成一團，以身上的硬刺來保護自己。

請把駱駝塗上顏色！

肥尾沙鼠 Fat-tailed Gerbil

肥尾沙鼠生活在沙漠裏，但也有些人會把牠當作寵物來飼養呢。

蜜獾 Honey Badger

蜜獾是一種兇悍的動物，牠最愛突襲蜜蜂窩。

ℹ️ 駱駝(Camel)在沒有水的環境下仍能存活長達10個月。

喜歡羣居的狐獴

狐獴生活在非洲南部的沙漠，牠們通常由幾個家族集結成一大羣，聚居在一起。

請把狐獴塗上顏色，然後把圖中的5隻蜥蜴全部圈出來。

有些狐獴負責站崗查看四周環境，提防敵人入侵，而其他的狐獴則負責照顧小狐獴或出外獵食。

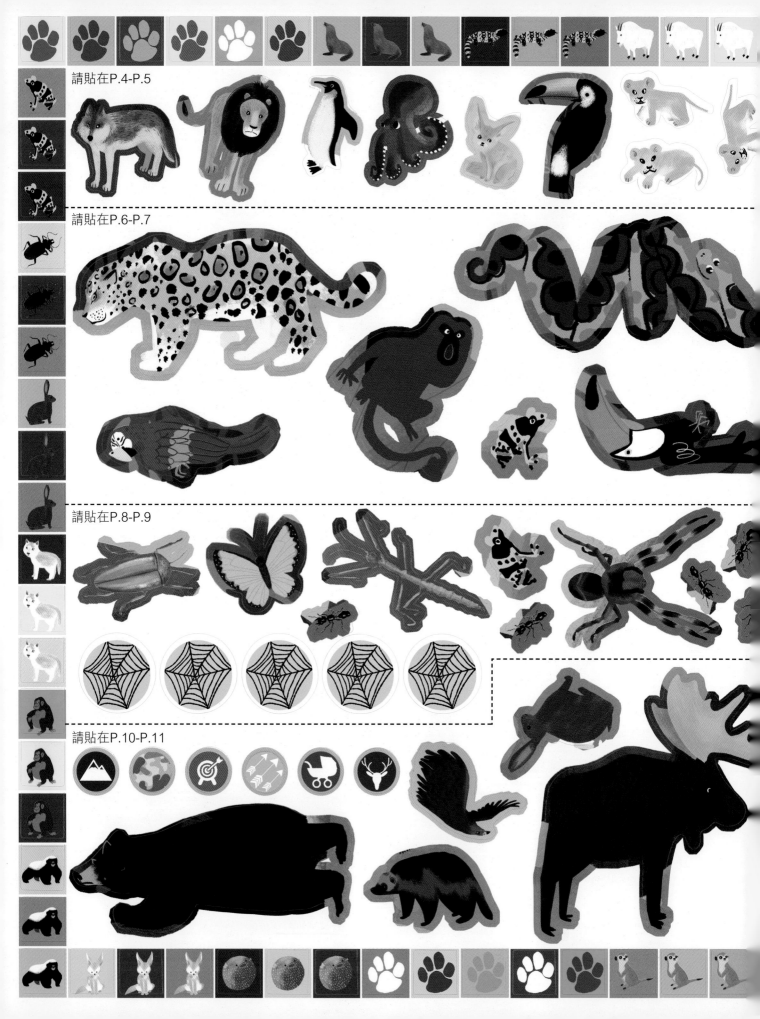

請貼在P.4-P.5

請貼在P.6-P.7

請貼在P.8-P.9

請貼在P.10-P.11

請貼在P.12

請貼在P.14-P.15

青貼在P.17

請貼在P.18-P.19

請貼在P.20-P.21

請貼在P.22-P.23

請貼在P.27

請貼在P.28

請貼在P.30-P.31

沙漠中的危險動物

以下這兩種沙漠動物的分泌物都帶有劇毒，只要被牠們咬上一口或輕輕一螫就足以致命！

請你和朋友一起來玩「過三關」遊戲，先各自挑選一種動物，然後輪流把貼紙貼在◯上，第一個取得三格連成一線者便勝出！

 世上只有少數有毒的蜥蜴，希拉毒蜥(Gila Monster)就是其中之一。

 以色列金蠍(Deathstalker Scorpion)的尾巴末端上有劇毒的螫針。

遊戲 1

遊戲 2

遊戲 3

請在下方寫上每場比賽的優勝者，完成三場遊戲後就在右方貼上獎盃貼紙。

1. ....

2. ....

3. ....

海底世界

地球的表面有接近四分之三的面積被海洋覆蓋着。這個神秘的海底世界中住着各種神奇的海洋生物。

請把鯊魚和海龜塗上顏色,並從貼紙頁中選出各種海洋動物貼紙貼在適當的位置,令海底世界更熱鬧吧。

請從貼紙頁中選出海星
貼紙貼在海牀上。

虎鯊 Tiger Shark

新生虎鯊的身上有老虎般的條紋!

水母 Jellyfish

從海面到深海都可發現水母的蹤跡!

章魚 Octopus

章魚游動時,會把觸鬚縮在後面。

鮟鱇魚 Anglerfish

鮟鱇魚生活在深海最黑暗的地方。

魟魚 Stingray

魟魚又名魔鬼魚，一般在淺海區域游動，牠們大部分時間都埋在沙子裏！

海龜 Sea Turtle

海龜幾乎遍布於世界各大海洋。

雙髻鯊 Hammerhead Shark

雙髻鯊生活在世界各地沿岸溫暖的海域。

巨大墨魚 Giant Squid

這種深海墨魚的眼睛大如餐盤！

海星(Starfish)遍布於不同深度的海域！

熱帶海洋

以下這些魚兒都生活在陽光充沛的熱帶海洋，太陽的熱力令海水變得温暖。

請從貼紙頁中選出熱帶魚貼紙貼在適當的位置。

鸚嘴魚(Parrotfish)
有像鳥喙的嘴巴，
堅硬而粗糙。

獅子魚(Lionfish)長有
一些有毒的長鰭棘。

小丑魚(Clownfish)
有橙色和白色相間
的條紋。

河豚(Pufferfish)受到
威脅時會馬上吸水進
肚子裏，迅速膨脹成
圓滾滾的球，有的河
豚甚至會在膨脹時豎
起全身的刺！

鯨魚世界

鯨魚和海豚並不是魚類，牠們是生活在海洋裏的哺乳類動物。牠們就像陸地動物一樣需要空氣，所以常會游到水面上呼吸空氣。

請從貼紙頁中選出貼紙貼在適當的位置，讓我們一起看清楚這些哺乳類動物的樣貌吧。

寬吻海豚(Bottlenose Dolphin)的身體頂部近背鰭位置是灰色的，腹部是白色的。

獨角鯨(Narwhal)的頭部長有一根長長的角。

殺人鯨(Killer Whale)的身體烏黑，只有眼睛的周圍和腹部呈白色，十分容易辨認。

藍鯨(Blue Whale)的身體很長，頭扁，呈u形。

藍鯨是地球上體型最大的動物，牠的身體有如一個籃球場般大！

非洲草原

有些動物是吃植物的，但也有些動物是吃肉的，牠們會捕獵其他動物。
當動物聚集成一大羣一起生活時，就可減低被獵殺的危險。

請從貼紙頁中選出動物貼紙貼在適當的位置。

白犀牛
White Rhinoceros

獅子 Lion

獵豹 Cheetah

請把獵豹塗上顏色。

埋伏型的捕食者會隱身在灌木叢和草地之中，靜靜等待着獵物靠近，然後迅速跳出來抓住獵物。

在這個跨頁圖中哪種動物是埋伏型捕食者？請説説看。

象 Elephant

羚羊 Antelope

斑馬 Zebra

ℹ 獵豹是世界上奔跑速度最快的陸地動物！

珍貴的草原水坑

非洲草原既炎熱又乾燥,動物們都會到水坑喝水。

請在下圖中畫出正確的路線,把鴕鳥帶到水坑吧。

起點

終點

撲通！

長頸鹿、河馬、大象、斑馬等動物都聚集在水邊喝水。

請在下圖畫上更多的鱷魚和河馬。

ℹ️ 鱷魚(Crocodile)的咬合力是動物界中最強的！

南極冰世界

南極洲是一個極度寒冷的地方,那裏的動物大多都有厚厚的皮膚和大量的脂肪來保暖禦寒。

請根據顏色點在下圖塗上對應的顏色,你就會看到圖中隱藏了什麼動物。

海狗 Fur Seal

南極洲的海狗是灰色和深褐色的,以磷蝦、魚和烏賊為食物。

象海豹 Elephant Seal

南方象海豹是南極洲上最大的海豹,牠會發出很大的吼聲!

全世界有17種不同類型的企鵝，但其中只有 5 種企鵝生活在南極洲，而皇帝企鵝就是其中之一。

請在下圖畫上更多的皇帝企鵝，你還可以從貼紙頁中選出皇帝企鵝貼紙貼在適當的位置，給牠們多加一些朋友吧。

i 皇帝企鵝是體型最大的企鵝。

極地鳥類

北極地區的氣候極度寒冷，動物難以生存。但是，也有些極地鳥類在北極夏季天氣轉暖時，會飛到那裏生活。

請從貼紙頁中選出更多極地鳥類貼紙貼在下面，令這兒更熱鬧吧。

北極燕鷗 Arctic Tern

北極燕鷗每年從北極飛到南極洲，然後再飛回北極去！

雪鴞 Snowy Owl

雪鴞幾乎全身是白色的，並帶有黑色斑點。

海鸚鵡 Puffin

海鸚鵡有濃密的防水羽毛保護來禦寒。

北極熊媽媽

在靠近北冰洋的冰冷陸地上，住着一種體型龐大的動物——北極熊。

請在下圖中跟着熊掌印來畫出正確的路線，把北極熊帶到北極熊寶寶的身邊吧。

考考你

請運用你在本書中學到的知識，看看是否能夠學以致用。

請利用貼紙頁中的貼紙來作答以下的問題。

1.請貼上以下的動物貼紙。

捕食者	獵物
獅子	斑馬
獵豹	羚羊
鱷魚	河馬
虎鯊	海龜

2. 請選出灰狼貼紙貼在適當的位置，然後找出下面哪一個是跟牠一樣的，在☐內加 ✓。

A. ☐

B. ☐

C. ☐

D. ☐

3. 請把以下蟲子與其對應的名稱用線連起來。

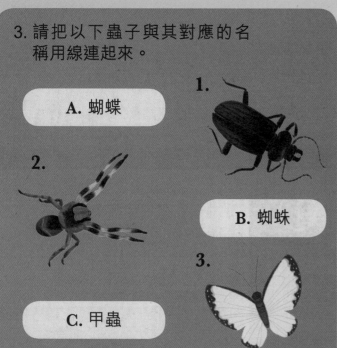

A. 蝴蝶

1.

2.

B. 蜘蛛

3.

C. 甲蟲

4. 請貼上適當的貼紙，使每種海洋生物在每一橫行和每一直行中都只出現一次。

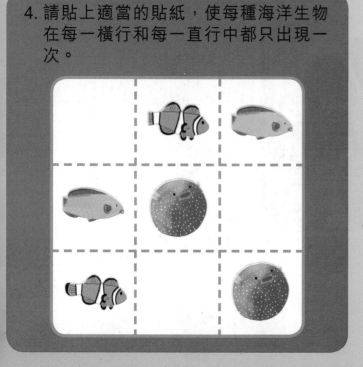

5. 請貼上適當的動物貼紙。

熊貓

狐獴

希拉毒蜥

企鵝

海豹

6. 下面哪種海洋生物是哺乳類動物，而不是魚類？

A.

B.

C.

答案

P.6-P.7

P.24

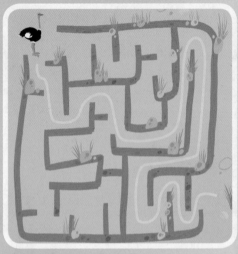

P.9

P.10-P.11
最佳攀爬者 = 山羊
雪地偽裝高手 = 雪兔
飛行獵手 = 金鵰
刺針防衛高手 = 豪豬
最佳父母 = 灰狼
最龐大的鹿 = 麋鹿

P.12

P.13
A—4, B—3, C—1, D—2

P.16

P.22-P.23
獅子是一種埋伏型捕食者。

P.26

P.29 C

P.30-P.31
2. B
3. A—3, B—2, C—1
4.

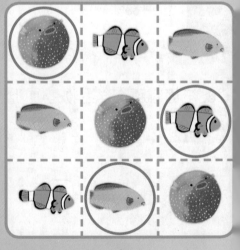

6. B